LETTRE

DE M. PATTU A M. POUETTRE,

CONCERNANT LES OBSERVATIONS

DE M. E. LAMBLARDIE,

SUR LES DÉVELOPPEMENS D'UN PROJET DE BARRAGE-DÉVERSOIR MARITIME.

Caen , le   février 1827.

MONSIEUR;

Nous désirions de connaître les jugemens que la critique portait sur nos projets pour l'embouchure de la Seine ; nous n'y pouvions ranger les opinions vagues que des esprits inattentifs, timides ou chagrins enfantent tout-à-coup sur les matières les plus graves. M. E. Lamblardie vient enfin de publier quelque chose de positif dans un imprimé que j'ai sous les yeux, et où, dit-il avec franchise, il remplit les devoirs de *fils* , d'ingénieur et de citoyen. Nous devons ajouter que personne ne pouvait avoir plus de documens que lui sur le sujet qu'il voulait traiter ; sa qualité de directeur des travaux maritimes lui ouvrait les voies les plus faciles pour arriver à son but, et il était soutenu par ses talens et sans doute par des conseils que les grands-maîtres eux-mêmes ne négligent jamais. Il assure, dans sa conclusion, que nous ne donnerions à la navigation aucun des avantages que nous promettons. Ce résultat, auquel j'ai couru, pouvait d'abord m'inquiéter ; mais le projet le plus mince n'est-il pas critiqué souvent avec amertume et injustice, et pouvions-nous espérer que le nôtre serait reçu sans contradiction ? D'un autre côté, depuis le mois d'octobre de 1822, où M. Becquey eut la bonté de m'encourager à poursuivre l'étude d'un barrage-déversoir pour l'embouchure de la Seine, n'avons-nous pas

1,

été affermis par des faveurs dont vous connaissez tout le prix? Nous nous sommes sans doute imposé une grande tâche; mais ne cessons jamais de nous confier dans les personnes qui règlent les destinées de notre pays, et croyons que quand nous aurons achevé de porter la lumière dans les questions neuves et belles que nous rencontrons, nos adversaires, mus par l'amour des sciences et du bien public, nous soutiendront à leur tour.

Les entrées des ports du Hâvre et d'Honfleur, et celle de la Seine, sont hérissées aujourd'hui de difficultés qui proviennent des vents, des courans, des alluvions et de l'inégalité des marées totales ou de la hauteur de la mer sur les hauts-fonds de la route des bâtimens. Les vents du sud-ouest ferment le port du Hâvre; les vents du nord-ouest celui d'Honfleur. Tous entraînent de grandes pertes par des retardemens dans l'expédition des marchandises. Les courans des marées sont souvent violens devant le Hâvre et entre les bancs de sable et de galet qui remplissent l'embouchure de la rivière, et l'on apprend à tout moment de nouvelles avaries, de nouveaux naufrages. Ces courans n'occupant réellement qu'une partie de la vallée, et passant plus abondamment entre les bancs du Ratier et d'Amfar que le long des rivages, le port d'Honfleur est périodiquement enfermé dans un vaste banc de vase et de sable, et les faibles chasses qui sortent de ce port ne peuvent entretenir une route suffisante pour les bâtimens. Sur la rive droite, la grande alluvion récente où le Hâvre est bâti, ne cesse de s'avancer, suivant M. de Cessart, et même suivant M. Lamblardie (*Observations*, page 40); les mouillages qu'on trouvait il y a trente ans le long des digues de l'Eure, suivant M. de Bombel, sont occupés aujourd'hui par le banc des Neiges, que défend le galet pris à la pointe du Hoc, et entraîné au large, derrière le banc d'Amfar, dans les courans rapides du reflux; en sorte que le Hâvre est menacé du sort d'Harfleur et de Graville, d'où la mer s'est retirée avec une rapidité qui doit effrayer. Les bâtimens ne pouvant entrer au Hâvre ni remonter la Seine en morteau, sont forcés de rester sur des rades foraines, exposés aux tempêtes et à l'ennemi, ou de préférer des ports étrangers; enfin, le courant du flot ravage les bords du fleuve, engloutit de riches prairies, force les riverains à faire des frais ruineux pour prévenir de plus grands maux. Voilà succinctement l'état que M. E. Lamblardie veut conserver, malgré les besoins pressans et les instances du commerce français. Il désire à la vérité que l'on préfère le canal de son père; mais tout en répugnant à combattre des vues que j'ai respectées jusqu'ici, je remarquerai que le projet de ce canal et les nôtres ne peuvent pas être comparés. En effet, le premier ne remédierait qu'à une partie des maux affligeans auxquels nous mettons un terme ; il ferait dépenser 65 millions , suivant des estimations qui ne nous appartiennent pas ; il ne produirait aucune amélioration dans la navigation extérieure ; il ne serait favorable qu'à une des rives de la Seine : le Calvados et l'Eure seraient sacrifiés à la Seine-Inférieure ; on ne sauverait point les biens précieux sans cesse attaqués par le torrent qui remonte la rivière ; les vents fermeraient toujours le port du Hâvre ; enfin , il ne donnerait point à ce port le moyen de se garantir de la nouvelle enceinte de bancs qui se forme devant lui. Des devoirs qui nous sont aussi imposés et surtout la décision de M. le Directeur-général , qui ordonne à tous les Ingénieurs riverains de la Seine de présenter leurs vues sur le perfectionnement de la navigation , nous obligent donc de nous préparer à répondre aux Observations de M. E. Lamblardie.

Je vais examiner d'abord ce qui est relatif aux dépôts nuisibles à la marche et aux manœuvres des bâtimens.

Parmi les sujets qui continueront d'animer les discussions , nous devons distinguer la direction du courant du flux sur lequel j'ai compté dès 1824 pour nettoyer de sable et de gravier le devant de l'embouchure de la Seine et l'entrée du Hâvre après l'exécution du barrage. M. Lamblardie père, avance, dans un Mémoire publié en 1789, que : » *quand la marée a doublé le cap de Barfleur, elle dépasse l'embouchure de la Seine, qui forme une baie très-vaste ; que la masse d'eau qui se détache du courant principal pour remplir cette baie suit la résultante des deux forces qui la sollicitent ; que la première est le mouvement que cette masse avait acquis avant d'être séparée du courant principal ; que la deuxième vient de la pente qui l'entraîne vers l'embouchure de la Seine, et qu'en conséquence le flot va du cap d'Antifer au cap de la Hève.*

L'opinion de cet ingénieur est encore plus positivement indiquée sur la carte jointe au mémoire ; la flèche placée entre les deux caps va dans le Sud.

Voyons maintenant d'autres autorités. Romme , membre de l'Institut et auteur de bons ouvrages sur la marine , dit, aux pages 53 et 57 de ses tableaux des vents et des marées, imprimés en 1806 , que le flot se dirige du cap de la Hague au cap de la Hève ; que, devant ce dernier, il se partage en deux branches, dont l'une se porte vers le Hâvre et l'autre vers le cap d'Antifer. Degaulle , ingénieur de la marine, membre de l'Institut, et qui a professé l'hydrographie au milieu même des marins du port du Hâvre , confirme le même fait ; il l'a consigné dans ses excellentes cartes de la Manche et de l'embouchure de la Seine, qui doivent être regardées comme l'ouvrage des meilleurs pilotes côtiers de la baie de cette rivière. Degaulle dit même positivement dans les notes de ces cartes que les courans sur la grande rade portent les deux premières heures de flot au sud, ensuite deux heures au S.-E., une heure à l'E., et pendant le reste de la marée, du N.-E. au N.-O. M. Bunel a remarqué à son tour qu'à 17000 ᵐ. du Hâvre il y a quatre heures et demie de flot, une heure de plein et six heures et demie de jusant ; que le courant se dirige au S.-O., au S. et au S.-E. pendant les deux premières heures de flot, une heure et demie de l'E.-S.-E. à l'E.-N.-E., deux heures et demie au N.-E., une heure du N.-E. au N., une heure du N. au N.-O., deux heures du N.-O. à l'O., enfin deux heures de l'O.-S.-O. au S.-O. Le tour du compas serait évidemment fait dans un sens tout contraire, si les observations de MM. Lamblardie devaient être préférées. Le fils va nous fournir lui-même un appui, en comparant la grande baie de la Seine à la petite rade de Cherbourg. « Cette rade, dit-il, en s'appuyant des » mémoires de M. Cachin, recevait le flot sur les rives de l'ouest par un » courant qui allait de l'est à l'ouest avant la construction de la digue, et » qui provenait de la réflexion du grand courant de la Manche, dont la » direction est O.-N.-O. et E.-S.-E. (*Observations*, page 3o). » Voilà M. Cachin opposé à M. Lamblardie père ; le grand courant de la Manche ne va pas de l'O. à l'E., mais de l'O.-N.-O. à l'E.-S.-E. ; il porte directement en Seine. Remarquons de plus que si le courant du flot se comportait dans la baie de la Seine, comme il faisait dans l'ancienne rade de Cherbourg ; s'il se réfléchissait vers l'O., il irait de l'E. à l'O. devant les côtes du Calvados ; alors les bâtimens qui partent de Port-en-Bessin et des rivières de Seules, d'Orne, de Dives pour le Hâvre, n'appareilleraient pas à mer montante, et la Bretonnière ne dirait pas, dans ses mémoires sur les côtes de France, que la direction de la marée est du S.-E. au N.-O. depuis la pointe de la Percée jusqu'à la Seine ; il faudrait que cette direction fût de l'est à l'ouest au moins dans quelqu'endroit et dans quelque moment, si la comparaison faite par M. E. Lamblardie était admissible. Je ne puis encore citer d'autres observations plus récentes. Je les appuyerai toutes en faisant remarquer de nouveau que la mer est plutôt pleine au Hâvre qu'au cap d'Antifer ou à Etretat, et que le contraire arriverait si le courant du flux allait du nord au sud le long de la côte.

N'est-il donc pas toujours bien démontré, par le témoignage des marins qui sont venus après M. Lamblardie père, et qu'on s'empresserait de consulter encore s'ils vivaient, que le courant de la marée montante porte directement dans le fond de la baie de Seine, après avoir dépassé le cap de Barfleur ; que ce courant longe les côtes du Calvados et conduit au

Hâvre les bâtimens qui sortent des rivières ou des ports de ces côtes ; qu'a-
près avoir rempli l'embouchure de la Seine et y avoir formé un barrage
d'eau, il s'approche du Hâvre et s'échappe dans le nord en rasant les
caps de la Hève et d'Antifer , et en produisant le plein, à mesure qu'il
s'avance. M. E. Lamblardie dira vainement que « si le courant de la mer
» montante n'avait pas une direction formant avec la flèche de la baie de
» la Seine un angle de 90°., il n'y aurait pas de raz à la pointe de Bar-
» fleur. » Nous rejetterons cette conséquence ; un raz n'emporte pas nécessairement dans la déviation du rivage un angle qui soit précisément
de 90 degrés ; chaque angle a son raz , M. Lamblardie en conviendra
quand il aura réfléchi de nouveau sur son assertion. Il craint beaucoup
que la véritable direction du courant du flot dans la baie ne soit bien
prouvée, car nous soutenons qu'après l'exécution de nos ouvrages, ce courant, dont il ne se détachera plus rien pour remplir la Seine, cotoyera
toujours les bancs du Ratier et d'Amfar ; qu'il balayera les sables dé-
posés autour d'eux, et que ce parage si fréquenté deviendra aussi libre
que ceux des côtes sans rivière ou sans cause d'alluvion. J'ai déjà exposé
plusieurs fois ces grands résultats depuis 1824 ; ils ne peuvent être con-
testés sans recourir à des méprises que nous avons déracinées par des
faits positifs. Aussi M. E. Lamblardie s'expose-t-il beaucoup trop quand
il assure (*Observations*, page 28) que les indications de Degaulle, de la
Bretonnière , de Romme , de M. Bunel , de tous les marins qui partent
du Calvados pour aller au Hâvre , que la notoriété publique enfin « ne
» sont point de nature à renverser une théorie que plus de quarante ans
» d'observations faites par des ingénieurs du plus grand mérite avaient
» confirmée jusqu'à ce jour. » Je crains bien que cette confirmation ne
résulte que d'un silence profond , car je ne connais point et notre adversaire ne cite nulle part, d'écrits d'ingénieurs qui aient parlé de la direction des courans de la Manche depuis M. Lamblardie père , excepté
les mémoires de M. Cachin, qui ne sont pas favorables à l'ancienne des-
cription.

Mais pesez, je vous prie, les réflexions suivantes , qui me paraissent dé-
cisives , et que nous pourrons étendre davantage. M. E. Lamblardie reconnaît avec nous (page 40 *des Observations*) que la Seine est aussi remplie
qu'il se peut de vase, de sable , de gravier et de galet que les courans et les
vagues y ont fait entrer ou qu'ils y retiennent , M. Lamblardie père a
prouvé que les anciens débris des falaises auraient comblé des vides beaucoup plus vastes. Les bancs peuvent augmenter ou diminuer sur une rive ;
mais la compensation se fait sur l'autre ; c'est par cette raison que les côtes

des environs d'Honfleur sont repoussées sans cesse par les progrès de la
grande alluvion du Hâvre : M. Lamblardie père a fait lui-même cette
observation. Il y a donc une puissance qui met des limites aux attérissemens du côté du large, et qui est constatée irrévocablement par ses
effets. Elle n'existe point dans les courans du reflux qui sortent de la
vallée; les matières qu'ils font descendre sont bientôt remontées par le
courant du flux, l'équilibre ou le balancement est établi. Cependant on
trouve des rades, des bassins, des canaux profonds dans la mer tout près
de l'embouchure ; il faut donc de toute nécessité que ces lieux soient occupés
par la puissance que nous recherchons et qui est tout-à-fait indépen-
dante du lit de la Seine, ensorte qu'elle peut exister sans lui et que le
barrage ne pourra en aucune manière faire avancer vers le large les
dépôts ou les bancs de sable qui sont formés aujourd'hui. Cette puissance est évidemment un courant qui longe la côte, c'est celui que
nous avons signalé et dont l'existence est ainsi démontrée de p'us en plus.

Il faut ici, par une sorte de digression, examiner l'aveu suivant de
M. E. Lamblardie, » La mer doit effectivement, dit-il, (page 29 des
» *observations*) atteindre son plein à la pointe du Hoc, quelques mi-
» nutes plutôt qu'au Hâvre, puisque c'est évidemment la verhaule (remou)
» occasionnée par le courant qui va frapper cette pointe qui remplit
» ce port. »

Ne pensez pas que cette phrase soit échappée ; elle est fortifiée par une
flèche placée sur la carte des *observations* le long de la digue de l'Eure.
Mais vous savez qu'il a toujours été facile pour les personnes qui ont
été au Hâvre de connaître les courans dans les environs de ce port ; on
était guidé par la multitude de bâtimens, de barques, de canots qui
courent dans tous les sens et par les groupes de marins qu'on rencontre sur
les jetées du port et sur le rivage. Aussi nous connaissions notre Hâvre
dès le premier séjour que nous y avons fait et nous avons eu lieu d'être
surpris de l'assertion de notre adversaire. Le rapport suivant, du 30
janvier 1827, fait par des marins, va fournir la réponse ; il jetera en même-
temps d'avance quelques lumières sur les progrès des bancs de sable et
de galet à l'embouchure de la Seine.

« Le courant de mer montante, après avoir porté vers le sud devant
» les bancs de l'Eclat et des Hauts-de-la-Rade, se dirige vers l'est entre le
» banc d'Amfar et la digue de l'Eure, aussitôt qu'il arrive dans la direction
» du pied du cap de la Hève, par le bout de la jetée du nord ; il continue
» cette direction jusque vers la pointe du Hoc ; là il se détourne un peu
» pour contourner l'anse d'Harfleur, et il reprend, vis-à-vis le château

» d'Orcher, la direction ouest et est. La marche de ce courant n'a jamais
» varié ; elle était la même avant que la passe du nord du banc d'Amfar
» fût comblée. Il n'y a point de verhaule le long de la digue de l'Eure.
» Ce contre-courant ne se fait remarquer qu'auprès des jetées du Hâvre.
» La perte de la goëlette la Marie-Louise , capitaine Quemain , vient
» d'en donner une preuve convaincante : ce navire est parti avant hier
» soir de la rade du Hâvre pour aller à Rouen , monté par deux pilotes ,
» l'un d'Honfleur , l'autre de Quillebœuf. Ils le dirigèrent d'abord , autant
» que possible , vers le sud, pour passer , à l'aide du courant, entre Am-
» far et le Ratier ; mais le vent ayant manqué , il fut entraîné par le cou-
» rant par le nord d'Amfar , et poussé jusque dans l'anse d'Harfleur. Les
» pilotes, convaincus de l'impossibilité de continuer cette route à travers
» tous les bancs qu'on rencontre le long de la côte du nord , se décidèrent
» à mouiller dans cette anse pour attendre le jusant et retourner au large.
» Cette manœuvre fut commencée, mais elle se fit lentement faute de vent,
» et la mer ayant trop baissé pour passer entre Amfar et les Neiges, lors-
» que le bâtiment parvint dans ce parage, il fut obligé d'échouer sur ce
» dernier banc ; à la marée suivante, il a été renversé par la violence du
» courant de flot, et l'équipage, qui n'avait point abandonné ce navire ,
» n'a eu qu'à peine le temps nécessaire pour se sauver. S'il y avait eu
» une verhaule le long du rivage , les pilotes n'auraient pas manqué de
» placer le bâtiment dans la molle eau qui se trouve toujours entre deux
» courans opposés ; ils y auraient attendu le flot avec sécurité , et n'au-
» raient point cherché à regagner la mer pour éviter les dangers trop cer-
» tains dont ils étaient menacés. »

La conséquence de tout ceci, c'est que décidément l'onde qui forme les
marées le long des côtes de la Seine-Inférieure, court du sud au nord.

M. E. Lamblardie, croyant avoir parfaitement établi la direction des
courans dans la Manche, et désirant trop ardemment de faire préférer
un canal latéral, ne garde plus de mesures. « Tout est perdu , suivant
» lui, si le barrage est exécuté ; la rapidité avec laquelle la baie s'encom-
» brera sera effrayante : le port d'Honfleur en sera la première victime,
» et l'on n'y arrivera plus qu'à travers un *Delta* , dont les passes étroites et
» sinueuses seront impraticables , même aux caboteurs du plus faible ti-
» rant d'eau ; le fond de la baie sera successivement envahi par les vases ,
» les sables, les galets, de telle sorte que les navires qui manqueraient
» l'entrée du Hâvre par des vents forcés venant du large , et qui se refu-
» gient maintenant dans la Seine , seraient exposés à un naufrage inévi-
» table ; la petite rade du Hâvre serait également un des points dont la pro-

» fondeur diminuerait très-promptement par suite de la diminution d'in-
» tensité du courant qui la traverse ; enfin, ce port lui-même deviendrait
» à son tour impraticable aux grands bâtimens après un laps de temps
» qui n'est pas à beaucoup près aussi considérable que quelques personnes
» paraissent le croire. »

Quel tableau affligeant, quel avenir pour toutes les classes intéressées
au commerce maritime, depuis le plus riche armateur jusqu'au plus
simple matelot ! Heureusement aucun prestige n'entoure ces prophéties,
accumulées de cette manière, elles attendent des développemens et des
preuves pour frapper la raison ou au moins l'imagination. Mais je sup-
pose qu'il ait été proposé de conduire la Seine à Dieppe, par exemple,
sans faire de barrage. Croyez-vous qu'on ne s'éleverait pas avec violence
contre un tel projet ; n'exciterait-on pas les marins de ce port à représenter
avec amertume, avec dureté, qu'il serait détruit ; que l'entrée en serait rendue
impraticable par des bancs de sable que la mer formerait en entrant deux
fois par jour dans le long bassin qu'on lui aurait offert ; qu'enfin l'expérience
atteste que les côtes sont inabordables auprès de toutes les embouchures ?
Ainsi la suppression et l'établissement d'une rivière sur une côte produirait
les mêmes effets ; tous les opposans se serviraient d-s mêmes raisons pour
des cas directement contraires ! Mais puisque nous parlons de Dieppe,
rappelons-nous les mémoires imprimés qui nous apprennent qu'on disait
aussi aux habitans de ce port, vers le commencement de la révolution,
lorsque Louis XVI y faisait ouvrir une nouvelle passe, que l'exécution
de ce projet était absurde, même barbare....; que le nouveau port, au lieu
d'ouvrir des sources de prospérité et de richesse à la ville, deviendrait le
tombeau de son commerce et de son industrie....; que l'intérêt individuel
et l'intérêt général devaient porter tout le monde à élever une forte opposition....; qu'on redoutait les suites d'un plan qu'on regardait comme dangereux.....; qu'on ne devait pas souffrir que la Nation, déjà trop épuisée, fît
des sacrifices énormes pour consommer une entreprise qui ne pouvait
produire aucun avantage réel, etc., etc. Si nous voulions parcourir l'his-
toire de tous les ouvrages mémorables, de toutes les inventions, de tous
les procédés qui honorent l'esprit humain, de toutes les institutions qui
ont amélioré le sort des sociétés, nous verrions partout les mêmes prophéties, le même langage, les mêmes efforts pour répandre la terreur. Mais
les hommes d'état écoutent avec peine des discours où l'exagération domine ;
ils veulent des discussions froides, sévères et dirigées par des raisonnemens concluans. On verra donc toujours que le Hâvre est menacé du sort
d'Harfleur et de Graville ; qu'il ne peut résulter que de grands avantages
du

du rétrécissement de l'embouchure de la Seine ; que les navires n'ont pas besoin d'une route de 6000ᵐ. de largeur ou plutôt des larges écueils de sable ou de galet qui séparent les bras des courans ; que le produit du fleuve qu'on dirigera par le Hâvre ou par Honfleur, suivant les besoins de la navigation, suffira et au-delà , après la suppression du courant du flot dans l'embouchure , pour entretenir sous la côte de Grâce , par la passe du brise-lame , une route directe qui conduira à Honfleur ; qu'on pourra aussi arriver à ce port par la passe du Hâvre quelle qu'elle soit ; que deux sorties de la Seine différemment orientées seront d'un prix inappréciable ; que le courant des eaux douces ne sera point sinueux, parce qu'il sera contenu dans le brise-lame et qu'il donnera, dit-on, 400 mètres cubes d'eau par seconde dans les temps ordinaires (*Observations*, page 62) ; que le lit de ce courant descendra au niveau de celui du grand courant des côtes et que les sables ne comportant point de talus rapides, la route d'Honfleur sera nécessairement profonde ; que les crues de la rivière arrivant avec les gros temps qui remuent les sables et les graviers, la force pour détruire les dépôts nuisibles sera proportionnée à leur volume ; que les courants qui passent à la tête des jetées du Hâvre à mer montante et qui se précipitent dans la Seine étant supprimés , les bâtimens seront moins exposés à manquer l'entrée de ce port et à essuyer des avaries ; que le galet apporté à ces jetées, repoussé par les chasses et entraîné au banc d'Amfar, prendra un cours directement opposé qui ne sera point nuisible. Mais tous ces effets , tous ces avantages ont déjà été exposés dans les écrits que j'ai publiés en 1824, 1825 et 1826, et au nombre desquels il en est un du mois de septembre dernier, qu'il semble que M. E. Lamblardie n'ait pas connu. Cet écrit, qui est accompagné d'une carte, fait voir quelles sont les dispositions générales que nous avons définitivement adoptées après les Conférences d'une commision d'Amiraux et d'Ingénieurs , dont S. Exc. le Ministre de la marine avait voulu connaître l'avis sur nos projets.

M. E. Lamblardie veut aussi quelquefois appeler à son aide l'expérience, « cette grande pierre de touche de toutes les théories , dont les témoignages » sont irrécusables. Les lois de la nature , dit-il, ont cela de remarquable , » qu'elles sont indépendantes des grandeurs absolues des choses et des » lieux sur lesquels elles agissent, pourvu que les rapports et les situa- » tions respectives soient les mêmes : ainsi il suffit qu'une baie, qu'une » crique quelconque se trouve , par rapport aux courans qui les par- » courent, dans la même situation que la baie de la Seine, pour que les » phénomènes qui s'y passeront ne diffèrent de ceux qui ont lieu dans » celle-ci que du petit au grand ; *et vice versâ*, lorsqu'on fera subir à

2

» cette baie , à cette crique une modification qui détermine quelques chan-
» gemens dans le régime des phénomènes qui s'y passaient , on peut af-
» firmer que des modifications pareilles apportées dans la baie de la Seine
» amèneraient des changemens semblables dans le régime des phénomènes
» qu'on y observe. »

Je ne remarquerai pas que le mercure ne suit jamais les mêmes lois dans
deux tubes ronds qui ne sont pas de même grosseur ; que les eaux cou-
rantes ne produisent pas les mêmes effets dans deux lits dont les sections
sont inégales , quoique semblables. Ce sont des vérités bien prouvées avec
lesquelles M. E. Lamblardie est familier.

Cet Ingénieur fait connaître ensuite que des criques , des baies qui
sont sur les côtes de la Bretagne, ont été comblées par des barrages, et il
affirme que la direction et l'intensité des courans , que la configuration et
la résistance des rives et du fond , qu'en un mot toutes les circonstances de
la baie de Seine s'y retrouvent très-fidèlement. Cette affirmation ne pour-
rait-elle pas être appuyée par des plans , des profils , des observations
propres à établir la ressemblance des lieux ? Il conviendrait d'ailleurs
d'examiner si les barrages exécutés , qui ont fait manquer le but proposé ,
n'étaient pas trop éloignés de la mer ; si les Ingénieurs ont été libres dans
leur choix ; s'ils n'ont pas été liés par des considérations particulières ,
etc., etc. On nous permettra donc d'attendre tous ces éclaircissemens in-
dispensables , avant de comparer à la baie de la Seine des criques qui
pourraient en différer autant que la rade de Cherbourg , apportée aussi en
exemple et déjà récusée.

M. E. Lamblardie s'appuie beaucoup de l'abandon des travaux d'un
barrage qui devait être construit sur le Scorff près de l'Orient. Outre qu'on
ne voit point , dans l'espace resserré où il rapporte ce fait , les mo-
tifs qui ont déterminé la Commission qu'il cite, nous pouvons le prier de
produire des décisions qui auraient supprimé quelqu'un des nombreux
barrages exécutés en Hollande , dans les Pays-Bas et en France , à
des embouchures près de la mer , pour améliorer la navigation. Le Conseil
des Ponts-et-Chaussées a si bien égard aux circonstances des lieux et à
des intérêts particuliers , dans ses délibérations , qu'il a , nonobstant des
réclamations vives , rejeté un pont libre pour le Petit-Vey , et qu'il n'a
pas craint que l'embouchure de la Vire fût encombrée par le pont à portes
de flot, qu'il a préféré. Cet important ouvrage est terminé , et il n'en résulte aucun changement dans la route des navires qui vont à Isigny et à
Carentan. Voilà un fait positif qu'on peut, ce semble, opposer avec succès au simple abandon des projets du Scorff.

Il me reste encore quelque chose à dire sur la marche des alluvions dans l'embouchure de la Seine. M. E. Lamblardie les sépare en plusieurs espèces. « Celles légères, dit il, telles que les matières terreuses et les » sables très-fins, sont facilement soulevées et mises en suspension dans » la masse fluide par l'effet des lames et des courans qui peuvent les » transporter à de grandes distances. » Souvenons-nous de cet aveu.

Quant aux galets, il dit, page 38 des *Observations*, nonobstant l'opinion de son père, que les courans n'ont point d'action immédiate sur eux ; mais que quand les lames sont assez fortes pour soulever ces matières, elles doivent marcher dans la direction des courans. Ce second aveu est aussi précieux que le premier ; car si le barrage arrête, modère ou fait rebrousser les courans qui transportent le galet, tout le monde conviendra que l'entrée du Hâvre ne sera pas aussi encombrée qu'elle l'est aujourd'hui. Pourquoi donc M. E. Lamblardie dit-il formellement le contraire aux pages 46 et 47 de son ouvrage ?

Il devait pronostiquer que le barrage ferait encombrer aussi le lit de la Seine entre Honfleur et Rouen. On voit en effet cette assertion à la page 55 des *Observations*. Cependant ne pourrais-je pas le prier de remarquer avec son père, qu'il existe dans ce lit, entre les hauts-fonds de Villequier et Rouen, un bassin profond qui est très-élevé, puisque la mer n'y monte que de 10 à 12 décimètres aux syzigies, et dans lequel les bâtimens peuvent naviguer en tout temps. Ce bassin prouve que les eaux de la Seine ne déposent qu'à la mer les matières qu'elles tiennent suspendues. Mais que faisons nous par le barrage ? Nous faisons descendre, rassembler et éviter devant Honfleur les obstacles que la navigation rencontre entre Quillebœuf et Caudebec, et nous prolongeons jusqu'à la côte le vaste bassin qui se termine aujourd'hui aux sables amoncelés ou retenus par la mer entre ces deux villes. Nous n'aurons donc pas plus de curages à faire ensuite entre Honfleur et Caudebec qu'on n'en fait maintenant entre Caudebec et Rouen.

Mais n'allez-vous pas vous étonner du parti que M. E. Lamblardie a tiré (pages 47 et 53 de *ses Observations*) du dessein que nous avons de laisser former un long attérissement derrière le brise-lame avant et pour la construction du barrage déversoir ?

Nous employons les courans violens d'aujourd'hui pour produire cet effet qu'on observe quand ils changent de direction et de lit dans la grande vallée, dont ils n'occupent qu'une partie, et notre adversaire veut attribuer à l'état où l'exécution de nos projets mettraient l'embouchure, les inconvéniens qui résultent de l'état actuel ?

Il avoue ensuite très-formellement (mêmes pages) que la majeure partie des alluvions viennent de la mer, et lorsque nous supprimons le courant du flot qui pousse ces alluvions en Seine, lorsque nous arrêtons les lames, que nous approchons des bancs du Ratier et d'Amfar, le courant qui longe les côtes du Calvados, tourne dans le fond de la baie, rase le cap de la Hève, va dans le nord et produit pleine mer plutôt au Hâvre qu'à Etretat, peut-on nous dire qu'après la suppression de la cause, l'effet arrivera toujours? N'est-ce pas se refuser à une évidence de fait?

Je dois examiner maintenant la crainte que M. E. Lamblardie veut aussi donner de l'exhaussement de la mer au Hâvre et de l'inondation de cette ville. M. Lamblardie père a dit formellement (voir la page 18 *des Observations*) qu'en s'appuyant de faits recueillis dans une baie qu'il ne nomme pas, et en admettant un courant principal et un courant se-condaire dans la baie de la Seine, la mer doit s'élever plus au large qu'au Hâvre, et *qu'elle s'éleverait* dans ce port *de trois pieds environ plus qu'à présent* si on bouchait la Seine. Il résulte évidemment de là qu'il n'a été fait aucune observation directe avant nous sur la hauteur de la mer au milieu de la baie où la Seine se jette, et que M. Lamblardie ne s'est appuyé que sur des ressemblances et des conjectures. Nous sommes mieux assurés; nous nous appuyons sur des sondes exactes que M. Bunel, of-ficier de marine, a eu la bonté de faire pour nos projets, et qui sont exposées dans les notes de mon mémoire imprimé. Elles prouvent que la mer monte plus au Hâvre qu'au large dans le N.-O., et qu'on ne peut craindre qu'en se mettant de niveau, après l'exécution des ouvrages qui l'empêcheraient d'entrer dans la Seine, elle produise des inondations.

D'un autre côté, il n'existe décidément point de grand courant secon-daire dans la baie de la Seine, ou de déversoir sur la ligne qui joint les caps de Barfleur et d'Antifer. Le courant principal de la Manche va di-rectement sur le fleuve, en longeant les côtes du Calvados, et il se retourne dans le nord après le cap de la Hève, en produisant depuis Cherbourg des marées totales, dont la hauteur s'accroît à mesure que le sommet de l'ondulation s'avance. Ainsi s'échappe subitement, avec une théorie déce-vante, la crainte de faire inonder le Hâvre par l'exécution de nos pro-jets; les faits allégués n'existant pas, les conséquences qu'on en tirait s'évanouissent, notre réponse est abrégée, et il ne reste, après de longues années de méprise, qu'à se familiariser avec la vérité. Pourrions-nous cependant remarquer que, dans la supposition même d'un accroissement de la hauteur de la mer au Hâvre, il semble qu'on n'aurait pas dû repousser un bienfait si grand avant de connaître; par un projet bien étudié, les dépenses nécessaires pour prévenir des inondations au moyen d'ouvrages convenables? Une augmentation de trois pieds dans le tirant d'eau des bâtimens vaudrait des millions; mais abandonnons cette chimère.

M. E. Lamblardie nous dit, page 31 de ses *Observations*, que, bien que son père ait ignoré en 1789 la théorie complète des marées que M. le marquis de la Place a donnée dans les mémoires de l'Académie des sciences de 1775, 1776, 1789, 1790 et dans la *Mécanique céleste*, *cette circonstance n'influe en rien sur l'exactitude de la théorie particulière, déduite d'anciennes observations faites dans la Manche;* et, pages 36 et 74, que bien que la mer *s'élève davantage au Hâvre que dans le milieu de la baie* de Seine, il y aura toujours *dénivellation des eaux du large vers le fond de cette baie;* que le Hâvre serait inondé après la construction du barrage; *que l'intumescence produite par l'attraction de la lune et du soleil, et qui parcourt la surface des mers, n'engendre point de courans; qu'enfin les effets et les conséquences de cette intumescence sont les mêmes que ceux résultant des ondulations produites dans une masse fluide quelconque par la chute d'un corps grave.*

Toutes ces propositions devront s'accorder avec celles de la *Mécanique céleste* et des mémoires qui l'ont précédée, surtout avec la suivante (voyez les Mémoires de l'Académie des sciences, année 1790, page 51), qui explique en peu de mots ma pensée sur les intumescences des marées sans courans.

« Si l'Océan a peu de profondeur, dit M. de la Place, SES MOLÉCULES » DOIVENT VENIR DE FORT LOIN, pour qu'il prenne la figure que l'action » du soleil tend à lui donner; ses oscillations doivent donc croître lors- » que la profondeur diminue. »

Il faudra de plus se rappeler qu'au milieu des grands éloges donnés dans l'Institut au Mémoire de M. Bremontier, dont M. E. Lamblardie s'appuye et que la France compte parmi ses plus illustres ingénieurs, le rapporteur regrettait que l'explication de la barre ou du mascaret laissât quelque chose à désirer, au moins du côté de la clarté. M. E. Lamblardie a donc été exposé à l'erreur dans la matière extrêmement épineuse qu'il a voulu traiter.

Je ne pousserai pas plus loin l'examen de la théorie que cet Ingénieur forme avec celles de MM. de la Place et Bremontier; elle ne peut plus avoir d'influence sur nos projets depuis mes remarques sur les courans de la Manche. Je reviens.

Il ne nous est pas permis de douter qu'aujourd'hui M. Lamblardie

père changerait d'opinion s'il connaissait les faits que nous avons constatés ; qu'il arrêterait ses défenseurs, après avoir dit formellement dans
son Mémoire sur un canal latéral entre Villequier et le Hâvre, que pour
donner un bon projet, il faudrait parcourir et niveler ce long espace ;
qu'il ne présentait *qu'un projet académique*, et qu'en cas d'exécution, il
faudrait s'appuyer sur des observations plus rigoureuses. Cette déclaration
remarquable et franche comme celles de tous les amis des sciences et
du bien public, donne une grande liberté. Ainsi nous ne devons pas
craindre de faire connaître que quand la mer était pleine au Hâvre et
à Caudebec, elle était moins élevée à la première ville qu'à la seconde

De 1^m. 10 le 15 août 1825,

De 1. 13 le 14 septembre,

De 1. 18 le 13 octobre.

Ces jours appartenaient à des syzigies et la Seine était basse.

M. Lamblardie père dit, qu'au contraire la mer est de trois pieds plus
haute au Hâvre qu'à Caudebec dans les vives eaux. Devons-nous l'accu-
ser d'inexactitude ? Non, il n'avait pu faire des observations, des nivel-
lemens rigoureux, et l'on ne défendrait pas sa mémoire, en trouvant
parfait et en soutenant trop vivement un ouvrage qu'il lui-même trouvait
défectueux. Des ordres et des facilités extraordinaires que nous avons re-
çus, nous ont mieux fait étudier l'état de la mer, et il nous est plus facile
de résoudre les graves questions que des projets, plus près d'être exécutés,
faisaient élever.

Nous pouvons faire connaître aussi que, dans deux syzigies de 1826,
nous avons remarqué que la marée totale avait été :

De 7^m. 15 au Hâvre,

De 7 36 à Honfleur,

De 3 83 à Quillebœuf,

De 1 61 à Caudebec,

De 1 11 à Duclerc,

De 0 96 à la Bouille ;

De 0 99 à Rouen.

Supposons, suivant cela, que le sommet de l'ondulation de la marée ait
parcouru un plan horisontal, la Seine n'aurait eu, à mer basse, qu'une
pente de 1^m,61--0^m,99, ou de 62 centimètres entre Rouen et Caudebec, sur
65,327^m. de longueur, ou de 0^m,0000095 par mètre. Cette pente, évidemment
trop faible, apprend que la mer s'élève à mesure qu'en partant du milieu
de la baie de Seine, elle s'approche de Rouen. Ainsi se vérifie peu à peu

une loi toute contraire à celle qu'on avait rappelée pour effrayer les habitans du Hâvre sur nos projets.

M. E. Lamblardie nous poursuit par d'autres chemins, avec la crainte des inondations. Il rapporte qu'après la construction de deux barrages dans des ruisseaux qui se rendent à des ports de la Bretagne, la mer monta davantage dans ces endroits. Je remarquerai d'abord qu'il est bien difficile d'assigner les limites de la hauteur de la mer, quand on veut avoir égard aux vents, qui sont des causes très-irrégulières, et de prouver qu'elles ont changé, à moins que la différence ne soit considérable. Quand on n'en présente qu'une de six pouces, comme notre adversaire, je le demande à tous les riverains de la mer, ne court-on aucun risque? Et puis les mots *il paraît*, que M. E. Lamblardie emploie à la ligne 13 de la page 44 de ses *Observations*, me font craindre aussi que les faits qu'il allègue n'aient pas été bien constatés. Mais je puis dissiper aisément, par d'autres faits moins récusables, les alarmes qu'il tend à son tour de jeter parmi les riverains de la Seine qui liront ses *Observations*. Je ne parlerai point du barrage de la rivière d'Arques à Dieppe, et d'un grand nombre d'autres qu'on voit en Hollande et dans les Pays-Bas : je citerai seulement un exemple plus grand et plus près du champ des discussions ; c'est encore le pont éclusé du Petit-Vey, dont j'ai fait les projets et dirigé la construction. Les riverains de la Vire n'ont pas redouté que cet ouvrage fît passer la mer par-dessus les digues qui bordent l'embouchure, et dont la hauteur est strictement suffisante pour retenir les eaux dans les grandes marées. Le Conseil des Ponts-et-Chaussées, qui avait approuvé d'autres barrages, n'a jamais demandé, dans les savantes discussions sur les effets des travaux projetés, qu'on exhaussât ces digues, et l'on ne reçoit aucune plainte, aucune réclamation propres à justifier les *Observations* que j'examine. On ne peut, ce semble, les repousser plus victorieusement qu'en portant dans la Seine le résultat de l'expérience acquise dans la Vire, et dont nous devons nous appuyer pour la défense des intérêts de notre département.

Mais je vais exposer un fait important qui prouvera que le barrage, arrêtant la mer à Honfleur, l'empêchera d'accroître les inondations du côté de Rouen. Le 15 août 1825, j'ai remarqué dans cette ville, que la marée totale y avait été de 1^m.28 : la rivière était alors très-basse. Le 6 mars, il y avait eu une crue de 1^m.13, et j'ai remarqué aussi que la mer avait monté de 0^m.82, en sorte que la pleine mer du 6 mars était de 0^m.67 plus haute que celle du 15 août à Rouen, quoiqu'il n'y ait eu, suivant vous, aucune différence à Honfleur, où l'état de la Seine n'a aucune influence sur les marées ; l'air était calme aux deux époques.

Il m'a paru que la connaissance de ce fait arrêtera quelques objections nouvelles à nos vues, ou donnera le moyen de les repousser promptement. Elle prouvera à son tour que le sommet de l'onde des marées s'élève à mesure qu'il s'approche de Rouen.

Nous pouvons donc toujours assurer qu'en retenant les eaux de la Seine à Honfleur au niveau des mers, numérotées 0,97 dans l'Annuaire du Bureau des Longitudes, nous diminuerons les inondations, surtout du côté de Rouen, au lieu de les accroître, et que cette rivière aura au moins 1^m. 25 de pente depuis Caudebec jusqu'au barrage. J'ai déjà dit, d'ailleurs, que le sommet de cet ouvrage sera abaissé à mesure que les hauts-fonds de sable de Villequier le seront eux-mêmes par le courant des eaux douces, moins contrariées par celui du flux. On ne peut sans doute donner plus d'assurance aux riverains. Ceux-ci devront remarquer que M. E. Lamblardie avoue qu'il est impossible de ne pas reconnaître que le barrage ne fît disparaître les effets du mascaret au-dessus d'Honfleur, et que d'immenses terrains ne pussent être rendus à l'agriculture.

Cet ingénieur m'attaque aussi sur *la propriété qu'ont le port du Hâvre et plusieurs autres points de la baie de Seine de garder le plein de la mer pendant un temps plus ou moins considérable.* (*Observation page* 40) *Trop de circonstances spéciales, dit-il, paraissent devoir concourir à la production de ce phénomène pour qu'il soit possible d'en assigner positivement la cause* (même page). *La construction du barrage influerait aussi très-probablement sur l'importante propriété dont jouit le port du Hâvre de garder son plein pendant environ deux heures en diminuant considérablement la durée de ce plein, si même il ne le réduisait pas à zéro.* Je vous avoue qu'il m'est impossible de concevoir comment, après avoir déclaré que la cause de la longue durée du plein de la mer au Hâvre et dans plusieurs autres *points* de la baie est inconnue, notre adversaire décide que le barrage réduira probablement cette durée à zéro au Hâvre. Notez qu'il ne nous accorde rien; que c'est le dernier terme, c'est zéro qu'il emploie pour imprimer plus de crainte. Il me semble que cette manière de raisonner n'est point en usage dans les sciences mathématiques; des conséquences admissibles reposent toujours sur des vérités bien connues, bien exposées, et j'aperçois encore ici, malgré moi, le désir ardent de faire adopter le canal latéral de Villequier. Je n'ai point assigné la cause de la longue durée, du plein de la mer au Hâvre; j'ai seulement prouvé que l'abbé Dicquemare la plaçait à tort dans le *lit*

de

de la Seine et qu'il fallait la chercher dans les mouvemens divers de l'énorme masse d'eau qui occupe la baie deux fois par jour. Au surplus, puisque suivant nos désirs M. E. Lamblardie la met devant la Hougue où la Seine n'a point d'influence, il reconnaît malgré lui que le barrage n'anéantira point une des belles propriétés du port du Hâvre.

Si nous avions complété nos observations sur les courans de la Manche ; nous pourrions probablement assurer que la tenue du plein au Hâvre doit être attribuée aux passages successifs d'ondulations , qui toutes longent bien les côtes du Calvados, mais qui n'ont pas la même vîtesse. Les plus voisines de ces côtes sont les plus retardées, parce qu'elles suivent un chemin plus long et qu'elles sont plus contrariées par le frottement contre le rivage. Nous reviendrons plus tard sur cette explication que nous devions cependant faire entrevoir dès ce moment , parce qu'elle découle naturellement des observations de Romme, de Degaulle, de M. Bunel, et d'autres personnes dont le travail sera bientôt connu.

M. E. Lamblardie observe (page 54) que le barrage fera supprimer le courant de flot dont les bâtimens profitent pour aller à Rouen. Mais ce courant existerait-il dans un canal latéral et en retire-t-on de grands avantages aujourd'hui qu'il ne dure qu'une heure ou qu'une heure un quart dans les grandes marées entre Quillebeuf et Rouen? Cet ingénieur ajoute : « Nous ferons observer qu'on serait toujours totalement privé de ce courant dans les mortes eaux. » Les armateurs et les marins qui liront ce passage, seront bien étonnés qu'on ne sache pas mieux dans le public que la navigation de la Seine est tout-à-fait interrompue entre l'embouchure et Caudebec en morte eau ; qu'il existe alors dans le port d'Honfleur ou dans des mouillages voisins, des flotilles nombreuses qui attendent le retour des grandes marées pour aller à Rouen, et que si les mortes eaux, que n'accompagnent point les courans violens qui renversent les navires, n'interrompaient point la navigation, le barrage et le canal latéral seraient moins nécessaires. Voilà donc le résultat de la funeste prévention qui s'attaque à nos projets ; elle porte à négliger la connaissance exacte des lieux et des faits, sans laquelle il est impossible de se former une opinion judicieuse. Remarquons bien que si cette connaissance avait été recherchée avant nous avec plus d'ardeur , ou si des moyens suffisans avaient été accordés pour l'obtenir ; si enfin on n'y avait pas suppléé par des analogies qui sont souvent des sources déplorables d'erreurs; quelques uns des ingénieurs désignés dans la note de la page 19 des *Observations* auraient changé d'opinion ils n'auraient pas assuré que le Hâvre et l'embouchure de la Seine avaient reçu toutes les améliorations dont ils

3

sont susceptibles et qu'il ne restait plus qu'à attendre avec résignation les nouveaux maux que la mer et les courans actuels préparent. Espérons que ce sentiment ne triomphera pas plus long-temps, que les recherches commencées dans la Manche, par ordre de S. Exc. le Ministre de la Marine, achevront de détruire les erreurs que nous avons attaquées, et que l'entrée du premier fleuve de la France, de celui qui conduit au centre du commerce et de la défense du royaume cessera d'offrir des tableaux attristans pour les soutiens de la prospérité publique.

Des jugemens et des désirs, qui sont pour nous des guides sûrs, et auxquels nous devons nous empresser de nous conformer, nous ont portés à diriger décidément le lit de la Seine le long des côteaux de Graville et d'Ingouville, à le faire déboucher sous le cap de la Hève à l'épi de Saint-Roch, et à lui donner à l'extrémité les formes et les ouvrages des entrées ordinaires des ports. Toutes les bases de ce projet sont indiquées dans un imprimé du mois de septembre dernier, qui (je l'ai déjà remarqué) ne paraît pas connu de notre adversaire. Quoi qu'il en soit, cet Ingénieur observe qu'une passe sous la Hève a été proposée avant nous. Nous le savons, et nous devons le répéter nous-mêmes sans cesse pour le succès de nos projets. Mais il ne fait pas connaître si nous sommes dans des circonstances semblables ; si les obstacles qu'on rencontrait ne sont pas levés ; si l'ensemble étendu des améliorations que nous embrassons ne favorise pas l'exécution des vues partielles ou isolées ; si surtout la dérivation de la Seine ne donne pas à la passe de la Hève une nouvelle importance. M. Lamblardie craint ensuite que cette passe ne compromette l'existence du Hâvre, nonobstant toutes les ressources de l'art, et que le cap de la Hève ne soit toujours rongé et repoussé par la mer, qui contournerait tous les ouvrages, quels qu'ils fussent. Je réponds que dans ce siècle si éclairé il faut prouver et non prophétiser que le Hâvre serait détruit par la nouvelle passe. Je ne puis concevoir cet effet, sur lequel je ne trouve aucun détail, aucun éclaircissement dans les *Observations.* Quant aux suites de la retraite du cap de la Hève, il semble qu'elles ne seraient pas fort inquiétantes, car les nouvelles jetées seraient un épi immuable qui, en retenant le galet dans l'anse résultant du changement des lieux, donnerait au rivage une protection naturelle contre les lames les plus furieuses.

Nous devions présumer que notre adversaire concluerait, de ce qui arrive dans les autres ports, à Dieppe, par exemple, que la nouvelle entrée du Hâvre serait fermée par le galet. Il convient bien que les écluses de chasses construites dans l'entrée actuelle *n'ont pas produit tout l'effet* qu'on attendait ; que la masse d'eau qui les alimente est trop faible, et que si l'on mettait le bassin de retenue en communication avec le vaste réservoir que formerait le barrage de la Seine, on obtiendrait des effets plus satisfaisans. Pourquoi n'en obtiendrait on pas dans la nouvelle passe ? C'est une question que nous pouvons faire, et qu'il est sans doute facile de résoudre, en employant l'analogie, ou en disant que ce qui arrive devant la passe actuelle du Hâvre, arrivera devant celle que nous voulons ouvrir à l'épi de Saint-Roch. C'est dans le même parage, c'est dans la même anse, c'est dans les mêmes courans que nous prenons nos guides ; ce n'est point deux choses de formes et de dimensions différentes que nous comparons, et l'on ne peut nous appliquer ce que j'ai dit pour repousser la comparaison de la petite rade de Cherbourg et des criques de la Bretagne, avec la grande baie de la Seine.

Mais ne prouverons-nous pas que le courant du flot qui longe les côtes du Calvados, se détournant dans le fond de la baie et pressant le rivage entre le Hâvre et le cap de la Hève après l'exécution du barrage, entraînera dans le nord les dépôts de galet et de sable qui existent aujourd'hui devant l'épi de St.-Roch, et qui seront soulevés par les lames ? Ce courant ne différera-t-il pas de tout point de ceux qui entrent aujourd'hui en Seine avec violence, et qui entraînent le galet vers la pointe du Hoc dans les gros temps (*Observations*, page 38.) ? Nous nous appuyerons de la note mise à la page 25 du Mémoire sur les côtes de la Haute-Normandie, où nous apprenons que le mouvement de la marée fait disparaître le galet lorsque le courant porte directement sur la côte. Nous nous appuyerons aussi sur le projet présenté dans le même Mémoire pour créer à Etretat un port militaire, où les vaisseaux auraient pu entrer à mer basse, et qui devait être exempt d'alluvions. Certes, M. E. Lamblardie ne voudra pas repousser l'autorité de son père, auteur de ce Mémoire, et qui devait connaître aussi la théorie des chasses de Dieppe.

Si notre adversaire n'avait pas pris à tâche de défendre d'anciennes opinions qu'un examen plus approfondi de la Manche a rectifiées (sans diminuer cependant notre vénération pour ceux qui les ont émises), il aurait pu être frappé des améliorations que nous voulons produire dans la Seine par une meilleure direction des courans ; il serait convenu avec nous qu'ils font faire aujourd'hui de grands progrès aux bancs, aux attérissemens qui menacent le Hâvre, et que nous prévenons par nos projets, des maux auxquels d'excellens ingénieurs, trop découragés, ne voulaient opposer que la résignation. Mais puisque la mer sera profonde devant la passe de l'épi de St.-Roch, le courant des chasses qui sortira de la nouvelle embouchure de la Seine balaiera facilement le chenal proprement dit, et donnera aux bâtimens une entrée toujours praticable. Elle le sera autant que celle qu'on trouve aujourd'hui entre les bancs d'Amfar et du Ratier ; je ne sais ce qui pourrait produire de différence. Comme il est bien certain maintenant que les circonstances de la côte où nous voulons porter l'embouchure de la Seine ne seront point celles de la côte où Dieppe est placé, je me dispenserai d'examiner les comparaisons que M. E. Lamblardie veut établir entre les chasses de ce port et celles que nous voulons former pour garantir nos ouvrages. Je dois seulement, pour achever de montrer tout le prix de ces comparaisons, faire remarquer qu'à tort cet Ingénieur assure que nous ne pourrions disposer que de la moitié du produit de la Seine, qui est, selon lui, de 400 mètres cubes par seconde, pour chasser dans la nouvelle passe du Hâvre, attendu que l'autre moitié devrait être employée à Honfleur.

D'abord le produit de 400 mètres cubes n'existe qu'en été, où il n'y a point d'encombremens dans les ports.

Ensuite, comme le Hâvre et Honfleur ne sont pas battus par les mêmes vents, on n'aura jamais besoin d'y faire des chasses les mêmes jours.

M. Lamblardie assure aussi que la mer monte plus haut à Dieppe qu'au Hâvre, et que les chasses faites avec de l'eau retenue au plein, seraient plus puissantes au premier port qu'au second. Il oublie donc que toute l'eau qui sort de la retenue de Dieppe ne conserve pas la hauteur où la mer est montée, et qu'au contraire le produit de la Seine que nous emploierons tombera toujours de la hauteur des mers moyennes.

Pensez-vous qu'après cela, je doive continuer l'examen des raisons qui nous sont opposées sur l'efficacité de nos chasses, et me jeter dans une théorie que notre adversaire crée pour nous réfuter ?

Il convient pourtant que je remarque encore un fait. Voici ce qu'on lit à la page 57 des *Observations* :

« Il faudrait bien se garder, en supposant que l'on adoptât le projet » de M. Pattu, de changer la direction de la passe actuelle du Hâvre ; » toute autre serait moins favorable aux manœuvres des navires, et si » on dirigeait cette passe, comme le propose cet Ingénieur, de 45°. plus » vers le nord, le chenal deviendrait impraticable, pour peu que les vents » de N.-O., qui sont ceux qui règnent le plus fréquemment dans ces » parages, fussent capables d'agiter la mer. »

M. Lamblardie ne veut donc pas se rappeler que les entrées des ports de Dunkerque, de Gravelines, de Calais, de Tréport, de Dieppe, de

St.- Valery, de Fécamp, de Cherbourg, sont toutes dans le N.-O., et qu'elles ne sont pas impraticables. Il ne veut donc pas se rappeler aussi que nos projets ne suppriment point la passe actuelle du Hâvre, et que les bâtimens qui descendront la Seine pouvant passer par Honfleur, ils auront trois sorties différemment orientées pour gagner la pleine mer. Nous devons évidemment avoir de la reconnaissance pour une opposition si vive, si générale et si peu fondée.

M. Lamblardie désirerait qu'on améliorât la passe actuelle du Hâvre, plutôt que d'ouvrir celle de la Hève. Mais lorsqu'il voudra considérer dans toute leur étendue les nouveaux besoins du commerce, et ceux de la défense de nos côtes, sur laquelle les bateaux à vapeur vont avoir une grande influence; lorsqu'il essaiera de concilier l'exécution d'ouvrages importans dans la route actuelle et unique des bâtimens, avec les mouvemens journaliers du port; lorsqu'il réfléchira aux chocs des intérêts créés et à créer, et rassemblés dans un espace resserré; lorsqu'il verra combien il est pressant que l'Etat se joigne au commerce pour améliorer la navigation de la Seine, et qu'on arrête sur le champ les grandes dispositions que cette réunion exige; lorsqu'enfin il se rappellera qu'un des mémoires de son père apprend qu'on fut obligé, avant la révolution, de tirer à boulet rouge sur des bâtimens qui allaient encombrer la passe actuelle, en s'y présentant tous à la fois, il cessera indubitablement de préférer les améliorations insuffisantes qu'il indique.

M. E. Lamblardie assure, à la dernière page de ses *Observations*, que les inconvéniens qu'il a vus dans les changemens que nous voulons produire, par le barrage de l'embouchure de la Seine, seraient affaiblis, si l'on s'établissait beaucoup au-dessus d'Honfleur. Cette idée, appuyée ici sur la préférence donnée à un canal latéral, existe dans la note de la première page de mon Mémoire de février 1825, où j'indique le projet de deux communications pour Honfleur et pour le Hâvre. Nous fîmes en conséquence, en septembre 1824, à la pointe de Berville, les plans, les profils et les observations nécessaires à nos études. Nous abandonnions avec peine l'excellente position d'Honfleur, qui n'exigeait que des communications latérales, courtes et creusées dans un terrain d'alluvion. Après avoir balancé de nouveau les avantages et les dépenses, nous résolûmes de revenir à cette position. Nous dûmes l'adopter définitivement, après l'opinion de marius révérés, qui, pour faciliter davantage la défense des côtes et pour prolonger, autant qu'il se pouvait, le bassin profond et naturel formé entre Rouen et Caudebec, auraient mis le barrage près des

bancs d'Amfar et du Ratier, si les gros temps ne l'eussent pas plus menacé dans cet endroit.

Je viens de parcourir les chapitres du Mémoire de M. E. Lamblardie,
où il ne traite que des bases principales de nos projets et des conséquences
de l'exécution. Nous ne nous étions occupés encore que de cette première partie de notre travail, lorsque j'ai publié les notes du Mémoire
de 1825. J'avais lieu de penser que déjà elle intéressait assez l'adminis-
tration, la marine, la défense des côtes, le commerce et l'agriculture,
pour faire déterminer, avec une précision suffisante, les bénéfices étendus
que nous voulions produire.

Il nous restait alors à fixer et à estimer tous les ouvrages, conformé-
ment aux règles du corps des Ponts-et-Chaussées. Nous venons d'achever
cette seconde partie, sauf à y faire les changemens que nécessitera l'examen détaillé de tous les intérêts qui, ce semble, auraient dû être discutés
préalablement pour devenir des guides certains. Mais M. Lamblardie ne
l'a pas connue, et elle diffère tant des simples esquisses que nous avions
données, pour prouver la possibilité de réaliser nos vues, que je puis me
dispenser de discuter ce que notre adversaire a dit de ces esquisses.
Nous recourrons encore à l'impression pour attirer les conseils bienveil-
lans de nos camarades, et pour élever tous, de concert, à la science de
l'Ingénieur, un monument digne d'elle et du pouvoir suprême dont elle
seconde les desseins. Je présenterai seulement quelques remarques qui
achèveront de montrer le but que notre adversaire se proposait et les moyens
qu'il a employés pour y parvenir.

Il attaque vivement la digue de Cherbourg, et ne veut pas que nous la
prenions pour modèle, quoiqu'il avoue que notre brise-lame serait moins
exposé à des avaries. Cependant cette digue porte les empreintes du génie
des de Cessart, des Lamblardie, des Gayaut, des Cachin, et je ne doute
pas qu'en le pénétrant davantage, on ne trouvât le moyen de la rendre
stable, sans employer *des murs de revêtement en maçonnerie* (*Observations*, page 69), qui feraient faire des dépenses effrayantes ; mille exemples nous apprennent qu'un rien assure souvent le succès de vastes concep-
tions: M. E. Lamblardie convient ensuite que le Breack-Water de la rade
de Plymouth, dont nous nous sommes appuyés, est entièrement terminé,
et qu'il remplit l'attente des Anglais ; mais il assure que ce travail essuie
fréquemment de grands dommages; malheureusement il ne les détaille
point, et j'ai lieu de craindre à présent qu'il ne soit alarmé outre mesure. Il assure aussi que la rade de Plymouth est plus à l'abri des vents
dangereux, que l'embouchure de la Seine, quoique ces deux parages aient

à-peu-près la même ouverture , et qu'ils soient également bordés de hautes
falaises. Dans la rade , ce sont les vents du sud-ouest qui produisent les
plus violens coups de mer ; dans l'embouchure , ce sont ceux de l'ouest:
Quel est le rumb le plus redouté ? Les marins qui naviguent dans la
Manche ne l'assigneraient pas. Que l'on consulte d'ailleurs les Mémoires
de M. Dutems , sur les travaux publics d'Angleterre , et l'on verra si l'on
a dans la Seine des temps plus épouvantables que ceux qu'on a eus à Plymouth durant les hivers de 1816 et de 1817. On remarquera au reste que les
bancs d'Amfar et du Ratier sont déjà des brise-lames qui n'ont pas d'ana-
logues dans la rade. On remarquera aussi que M. E. Lamblardie ne craint
plus que l'embouchure de la Seine et les rades du Hâvre soient remplies
de sable après l'exécution du barrage , car des encombremens diminue-
raient beaucoup la levée et la force de la mer auprès du brise-lame. Je
laisserai faire sur ces remarques toutes les réflexions qui confirmeraient
celles que j'ai déjà faites.

M. E. Lamblardie nous d que le brise-lame de la Seine coûtera le
double du prix de notre évaluation , et que cette proportion est celle de la
digue de Cherbourg. Mais est-il raisonnable de penser que pouvant choisir
entre un détail estimatif qui précède l'exécution d'un ouvrage , et un état
de dépense qui la suit , nous ayons préféré le premier pour estimer un
autre ouvrage semblable? C'est être trop injuste envers nous. Empressons-
nous donc d'écarter une prophétie qui fait augmenter de 19 millions le
montant de nos premiers détails estimatifs.

M. E. Lamblardie *reconnaît aussi , que l'art de l'ingénieur , poussé
à un si haut point, de nos jours , peut, sans contredit , donner les
moyens de surmonter les difficultés que les considérations dévelopées ,
font entrevoir dans la construction des grands ouvrages que nous pro-
posons* : il faut bien que nous nous emparions de tous les aveux qui peuvent
nous être utiles. Cependant il veut sans cesse qu'on préfère le canal latéral que son père a projeté et qui ne doit coûter que 65 millions , pour
conduire les plus grands navires , depuis les bassins du Hâvre jusqu'à
Caudebec !

Concluons maintenant que les *Observations* de M. E. Lamblardie , ne
peuvent changer la connaissance que nous avons acquise , par l'expérience et par des témoignages irrécusables , des mouvemens de la mer
et des dépôts de sable et de galet , dans la baie et le lit de la Seine ; qu'il est
impossible d'admettre les exemples et les théories incertaines qu'il a employés pour résoudre les grandes questions qui nous occupent ; qu'il a
quelquefois négligé de nous comprendre en nous réfutant et de connaître

des parages dont il décrivait les circonstances; qu'il n'attribue au premier fleuve de la France que les effets de simples ruisseaux ou de faibles retenues, pour la conservation des passes et des routes nécessaires à la navigation; qu'il a enseveli dans le sable, des lieux, où plus tard il fait agir la mer dans toute sa violence; qu'il a trop souvent essayé de répandre l'alarme sur nos vues, sans s'appuyer de preuves et de raisonnemens; qu'il n'a eu qu'un seul but, la défense d'un projet que son père avait présenté à l'Académie de Rouen, en avouant qu'il n'avait pu le conduire à perfection; qu'enfin notre adversaire n'est point fondé à mettre en parallèle deux projets, dont l'un ne perfectionne que la navigation intérieure; et l'autre embrasse en même temps les grands besoins de la navigation extérieure, la défense des côtes, les intérêts des deux rives de la Seine et le desséchement d'immenses terrains.

Recevez, etc.

PATTU.

CAEN, IMPRIMERIE DE F. POISSON. 1807.

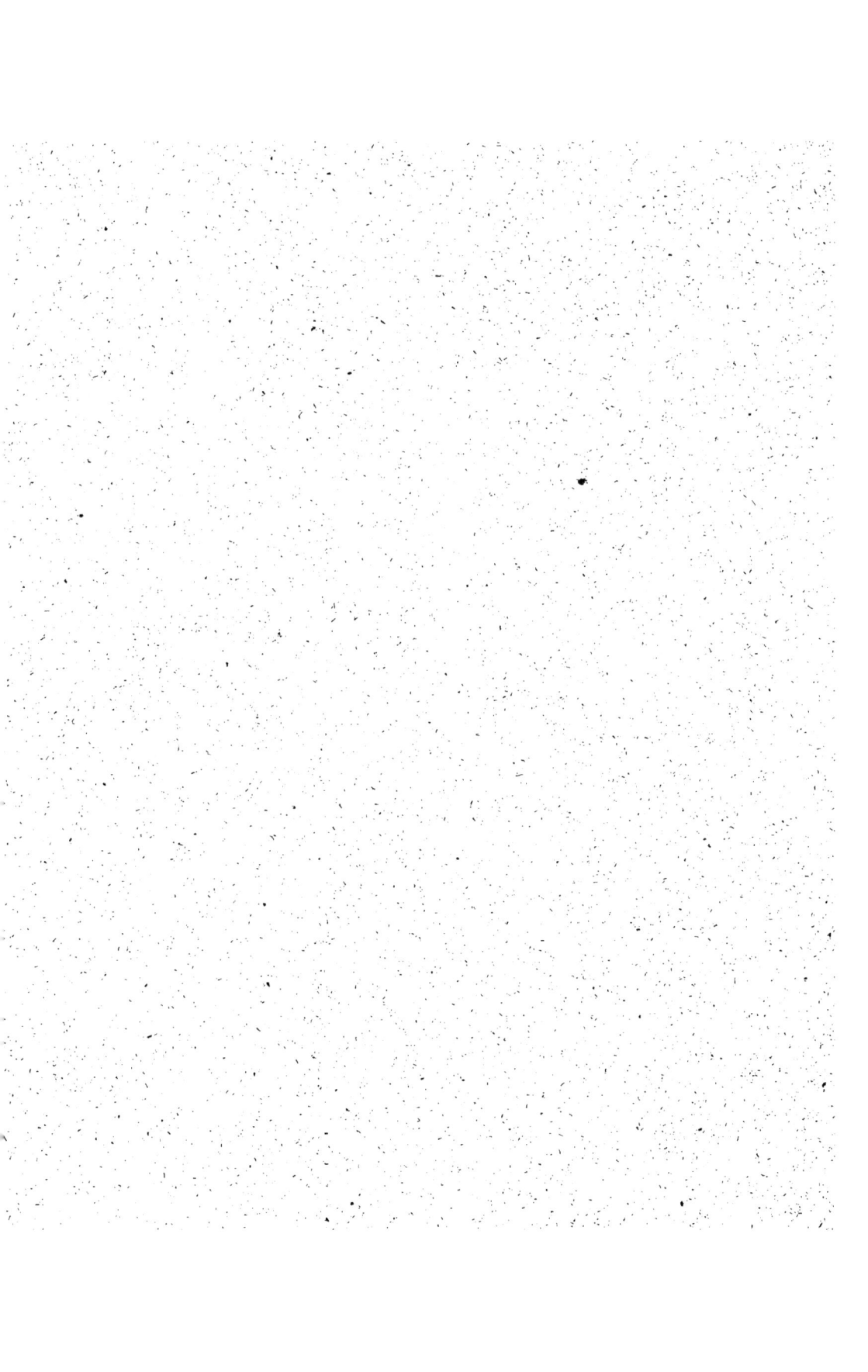